AF602284

RECHERCHES

D'ANATOMIE ET DE PHYSIOLOGIE

SUR UN EMBRYON MONSTRUEUX

DE LA POULE DOMESTIQUE,

CIRCONSCRIT DANS L'EXISTENCE SOLITAIRE D'UN CŒUR.

MÉMOIRE

PRÉSENTÉ A L'ACADÉMIE ROYALE DES SCIENCES,

le 11 août 1834,

PAR CHARLES LE BLOND,

Docteur en Médecine, Membre de la Société des Sciences naturelles de France, Correspondant de la Société des Sciences médicales du département de la Moselle, etc., etc.

PARIS,

LIBRAIRIE DES SCIENCES MÉDICALES

DE JUST ROUVIER ET E. LE BOUVIER,

RUE DE L'ÉCOLE DE MÉDECINE, N° 8.

1834.

Imprimerie de Beaulé et Jubin,
rue du Monceau Saint-Gervais, n° 8.

EXTRAIT

DES PROCÈS-VERBAUX DE L'ACADÉMIE ROYALE DES SCIENCES.

(Séance du lundi 29 septembre 1834.)

Nous avons été chargés, M. Serres et moi, de rendre compte à l'Académie d'un Mémoire qui lui a été présenté par M. Charles Le Blond, sur une particularité observée dans l'œuf d'une poule, et que l'auteur considère et décrit comme une portion d'un embryon monstrueux, ou comme les rudiments d'un corps dont le placenta n'avait point encore jeté les racines de son implantation, et dont il ne se serait développé que la partie correspondante au cœur.

Le hasard a mis l'auteur dans le cas d'observer le fait qu'il décrit, dont il a fait voir les détails sur les pièces mêmes à vos commissaires, après avoir fait exécuter les dessins en couleur qu'il avait joints à son Mémoire, et que nous faisons passer sous vos yeux.

Un œuf de poule fut ouvert pour les usages de l'économie domestique; or, comme on aperçut dans les liquides qui sortaient de la coque un corps rougeâtre extraordinaire, M. Le Blond en fut prévenu de suite, et voici ce qu'il observa.

La masse des humeurs n'était pas altérée dans les dispositions respectives; seulement l'albumen présentait une teinte légèrement opaline; la membrane vitelline s'était un peu déchirée vers un point où était adhérent le corps qui fait le sujet de l'observation, et le jaune de l'œuf s'était épanché.

L'auteur n'a pu s'assurer sur laquelle des deux faces concave ou convexe de la membrane vitelline le corps était primitivement adhérent; il croit qu'il était renfermé dans le sac. Il occupait sur le vitellus la place de la cicatricule et du germe : il y était retenu par l'une des chalazes dont il fut détaché par l'auteur, ainsi que de la membrane vitelline; mais comme alors il ne retrouva plus le moindre indice du germe ni de la cicatricule, il fut porté à penser que ce corps représentait le germe.

Ainsi isolé, ce corps était irrégulier en apparence, quoiqu'ayant conservé l'empreinte en creux de la convexité du vitellus, et présentait du côté opposé deux sortes de plans irrégulièrement convexes. Sur les bords de la jonction des plans se prolongeait d'un côté une sorte de col rétréci fixé à la chalaze : le tout était recouvert d'une couche mince d'albumen plus concrète, et d'une membrane diaphane, inégalement épaisse, appliquée sur le germe paradoxal auquel elle adhérait par quelques points.

Après avoir détaché avec soin cette enveloppe membraneuse, le corps problématique fut trouvé d'une teinte rouge passant au jaunâtre, d'apparence fibrineuse, que l'auteur regarde comme un parenchyme musculaire.

Une incision pratiquée avec précaution sur la longueur

mit à découvert une cavité intérieure contenant un peu de mucosité, et des fibres d'apparence musculaire se présentèrent encore là. Une seconde incision faite à l'opposite, et également dans la longueur, ouvrit une seconde cavité moins vaste, mais à parois plus épaisses, avec des faisceaux fibrineux irréguliers pour la forme et la longueur : il y avait donc une cloison entre les deux cavités; mais elle était percée d'un trou arrondi, largement ouvert et béant.

La partie allongée, étroite, qui tenait à la chalaze, paraissait composée de fibres musculaires roulées en spirale, et se continuait avec les poches : le plus grand de ces faisceaux était solide ou plein intérieurement ; l'autre était creux, et s'étendait jusque dans la poche intérieure.

M. Le Blond regarde cette poche fibrineuse ainsi disposée, comme un organe imparfait, une sorte de cœur ébauché dans lequel il trouve deux cavités musculaires d'épaisseur diverse, adossées, séparées par une cloison perforée, et un prolongement qui correspondrait à un gros vaisseau ou à une oreillette. Il croit reconnaître dans la membrane diaphane un indice du péricarde.

L'auteur compare avec beaucoup de soin les plus petits détails que l'examen de ce cœur lui a offerts sous le rapport de l'apparence extérieure, de la texture, de la structure intime, avec les diverses portions d'un cœur de poulet plus parfait. Il y retrouve tous les indices de cet organe agent de la circulation, quoique son volume soit plus considérable qu'il ne l'est même dans le fœtus assez développé.

Après avoir fortifié son opinion de tous les faits connus des anatomistes modernes, sur le développement du cœur du poulet, qui a été, comme on le sait, étudié avec le plus grand soin. M. Le Blond discute les deux principales objections qu'on pourrait lui opposer, à savoir, que le corps problématique serait une môle ou même un caillot de sang organisé. Nous n'entrerons pas dans la discussion de ces deux hypothèses que l'auteur essaye de réfuter par des raisonnements qu'il faudrait combattre par d'autres suppositions, et sur lesquelles vos commissaires n'ont pas cru devoir se prononcer.

Cette dissertation fort savante, à l'occasion d'une anomalie curieuse, est bien propre à donner une haute idée des connaissances anatomiques et physiologiques de l'auteur. Il la termine par des corollaires dans lesquels il expose beaucoup de vues spéculatives, et d'opinions de théorie transcendante, dont plusieurs nous ont paru fort basardées, quoiqu'elles soient d'accord avec des idées émises par plusieurs de nos confrères et des savants les plus célèbres.

Nous proposons cependant à l'Académie d'engager l'auteur à publier son Mémoire avec les figures qui l'accompagnent, parce que le fait dont il a eu connaissance est curieux en lui-même, qu'il doit être consigné dans les registres de la science, qu'il a été bien étudié, et qu'il a donné lieu à des recherches savantes et importantes pour la physiologie.

Signé : SERRES ET DUMERIL, rapporteur.

L'Académie adopte les conclusions de ce rapport.

Certifié conforme,

Le Secrétaire perpétuel pour les sciences naturelles.

FLOURENS.

AVANT-PROPOS.

Si je rends ce travail public, c'est pour céder à la bienveillante invitation que m'a faite l'Académie royale des Sciences, par l'organe de ses illustres commissaires.

Voilà mon seul appui.

Je m'étais d'abord proposé de compléter ces Recherches anatomiques et physiologiques, en y ajoutant quelques remarques sur les observations que m'avaient adressées plusieurs naturalistes distingués. Mais j'ai cru devoir renoncer à ce projet; j'ai craint de produire, sous l'égide protectrice de l'Académie, des opinions qu'elle n'avait pas autorisées. Je publie donc seulement le Mémoire soumis à son approbation, en donnant toutefois à ce Mémoire, comme soutien et comme premier juge, le rapport que j'avais sollicité.

Peut-être un jour tenterai-je quelques expériences; peut-être chercherai-je à féconder par des faits artificiels comparables, ce fait naturel dont les archives de la science n'ont pas encore parlé.

Je saisis avec joie cette occasion de remercier profondément M. Duméril et M. Serres de leur indulgence et de leurs savants conseils.

CHARLES LE BLOND.

RECHERCHES

D'ANATOMIE ET DE PHYSIOLOGIE

SUR UN EMBRYON MONSTRUEUX

DE LA POULE DOMESTIQUE

(PHASIANUS GALLUS LINNÆI).

MESSIEURS.

Le fait dont je vous apporte l'histoire n'est pas le résultat d'une expérience systématiquement préparée, mais une observation imprévue que m'a fournie le hasard.

Une femme, employée dans la maison que j'habite, vit tomber d'un œuf qu'elle brisait un corps rougeâtre extraordinaire ; le vitellus et l'albumen étaient sortis en même temps de la coque.

Je fus immédiatement appelé.

Les parties élémentaires de l'œuf que j'avais sous les yeux avaient conservé leurs véritables rapports : la forme, le volume, la saveur et l'odeur particulières qui distinguent l'albumen et le vitellus, offraient toutes les qualités de l'état normal et de l'état sain.

La coloration et la structure de ces parties semblaient avoir été seules compromises.

En effet, l'albumen était obscurci d'une teinte légèrement opaline; mais ce nuage, à peine marqué, n'avait réellement pas une grande valeur physiologique, puisque fréquemment il s'élève dans les œufs même restés sans fécondation, et reconnus tels à l'irrégularité mieux prononcée, à la transparence plus uniforme de la cicatricule[1].

La membrane vitelline était déchirée vers le point où le corps rougeâtre extraordinaire s'était montré ; une ouverture large avait permis l'écoulement du fluide vitellin.

Voilà ce que mes yeux ont pu constater relativement au vitellus.

Mais un fait que je n'ai pu voir, un fait grave

[1] Sur la formation du cœur et des vaisseaux artériels, veineux et capillaires, par le docteur Rolando, professeur à l'Université de Turin. — *Journ. complément. du Diction. des Sc. médic.*, tom. XV, pag. 324.

dont je subirai toute l'importance, c'est l'incertitude dans laquelle je me suis trouvé sur la position exacte de cette production. Était-elle placée à l'extérieur ou bien à l'intérieur de la membrane vitelline? Je n'ose rien affirmer. Et cependant, je ne me le dissimule pas, l'ignorance de ce rapport est l'objection principale qui me serait faite. Toutefois, si l'on considère la rupture de la membrane vitelline succédant à quelques tractions opérées sur le corps problématique, si l'on réfléchit à l'écoulement immédiat du fluide vitellin, si l'on veut expliquer la présence de quelques restes floconneux et cellulaires de membrane, on admettra qu'originairement compris dans le sac vitellin, il s'y est développé en contractant avec lui d'intimes adhérences, qu'il s'en est approprié une partie, et que cette partie s'est confondue plus tard avec les couches albumineuses juxta-posées.

Or, si dans quelques-unes de leurs propriétés, l'albumen et le vitellus n'avaient rien de remarquable, vers le point statique où repose la cicatricule, et par conséquent au lieu même que le germe d'abord et plus tard l'embryon normal doivent occuper, existait le corps rougeâtre déjà signalé embrassant l'hémisphère supérieur du vitellus, comme les capsules surrënales coiffent les reins, ou comme le hile s'établit à l'égard d'une graine comprimée. Cette production était fortement convexe dans la plus grande partie de son étendue ; elle correspondait en dehors à l'atmosphère albumineuse. La portion de sa superficie, qui s'appuyait sur le vitellus, était assez profondément concave. L'une de ses extrémités était arrondie ; l'autre se prolongeait sous forme de col étroit, et se terminait en un bouton irrégulier, perdu bientôt dans la chalaze voisine devenue blanchâtre. Bien que saisie entre l'albumen et le vitellus, elle ne leur était jointe ni par continuité de substance, ni par aucune racine distinctement vasculaire : il n'y avait pas de trace de figure veineuse ; il n'y avait pas même un seul vestige de ramifications vasculaires proprement dites ; autour d'elle je vis seulement quelques stries blanchâtres et déliées, qui représentaient à mes yeux la figure veineuse effacée non loin de son état primitif.

Je ne possédais, et je ne pouvais me procurer aucun détail circonstancié relativement à l'origine de cet œuf. Le corps insolite qui s'y trouvait renfermé s'était-il développé intérieurement à la mère, en vertu de la chaleur que l'œuf avait trouvé dans les voies génératrices, ou bien, s'était-il développé extérieurement à la mère sous l'influence d'une incubation commencée ? Je l'ignorais. Quelles étaient les causes prochaines, les causes immédiates de sa formation? Je le savais moins encore.

Environné de ténèbres, et sans espoir de me soustraire à l'impuissance qui me liait, je résolus de borner mes recherches à l'étude simple et matérielle du fait observé.

C'est le résultat de ce travail que j'ai l'honneur de soumettre à votre examen.

Je signalerai d'abord par quelles lumières je fus conduit à soupçonner la nature de ce corps problématique.

Sa position relativement au vitellus, son adhérence à la chalaze voisine, sa forme que je ne voyais pas encore subordonnée à sa position, ne m'avaient rien dit : et néanmoins ces considérations étudiées avec persévérance, devaient, réunies, éclairer mes doutes.

Il occupait sur le vitellus la place de la cicatricule et du germe, retenu fixement par une adhérence manifeste à l'une des chalazes, et voilé par les couches albumineuses superposées. Je cherchai à le séparer du vitellus et de l'albumen en opérant des tractions ménagées; son adhérence avec la chalaze voisine se rompit, la déchirure de la membrane vitelline s'augmenta, et j'obtins sans accident la séparation que je désirais.

J'avoue ne pas avoir senti immédiatement la portée physiologique de cette adhérence : elle a cependant une haute valeur dans l'histoire des monstruosités[1].

Quand il fut enlevé, je ne distinguai pas sur les débris restants du vitellus, la moindre trace ni du germe ni de la cicatricule ; il était donc évident que le corps problématique était le germe développé.

Sa forme, devenue plus tranchée par son isolement, était irrégulière et se prêtait difficilement à la description. Il offrait à considérer deux faces opposées, l'une convexe, l'autre concave, ainsi que je l'ai fait observer précédemment. La première, je veux dire celle qui se trouvait plongée dans l'albumen, était formée de deux facettes secondaires réunies entre elles sur un angle obtus, et différentes par leur étendue, par la direction oblique de leur diamètre transversal, et par la courbure ellipsoïde de leur diamètre longitudinal. La seconde face était régulièrement ovalaire ; elle correspondait au vitellus. Ces deux faces se confondaient et se perdaient sur le col rétréci fixé à la chalaze correspondante.

Avant d'aller plus loin, je dus préparer men-

[1] Geoffroy Saint-Hilaire, *Philos. anatomique*, tom. II; monstruosités humaines, pag. 531. — Mémoire sur les déviations organiques provoquées et observées dans un établissement d'incubations artificielles. *Journ. complément. du Dictionn. des Sc. médic.*, tom. XXIV, pag. 260.

talement tous les soins nécessaires pour ne pas altérer la pièce anatomique dont je cherchais à découvrir la nature.

Le germe paradoxal était environné d'une couche mince de substance grisâtre, comparable à de la matière épidermoïde hygrométriquement amollie. Cette matière sans doute formée aux dépens de la membrane vitelline et des couches albumineuses juxta-posées que le travail formateur du germe s'était appropriées, se rassemblait sous le doigt en petits cylindres fusiformes. Je la regardai comme une matière accessoire envahie, qui ne constituait pas à l'embryon une enveloppe organique spéciale.

Cette couche mince d'albumen concrété recouvrait une membrane blanchâtre, diaphane, inégalement épaisse et fibreuse, laquelle, immédiatement appliquée sur le germe, lui était jointe par quelques points d'adhérence fragile.

L'incision et le décollement partiel de cette membrane mit à nu la surface même du corps problématique. Ce corps était coloré d'une teinte rouge passant au jaunâtre, et sa texture, bien qu'incertaine au premier coup-d'œil, laissait néanmoins entrevoir quelques traînées fibrineuses. Le scalpel vint confirmer cette observation.

J'avais donc rencontré un parenchyme musculaire.

Ainsi, dès lors je possédais les bases suffisantes d'une idée à priori, et je crus pouvoir admettre que le germe développé était un cœur.

Une première incision mit à découvert une poche vaste, dont les parois minces étaient formées de lamelles réciproquement enveloppantes, qu'il était facile de séparer. La surface interne de cette poche était inégale, et revêtue d'une couche très-légère de mucosité sous laquelle on pouvait distinguer aisément le parenchyme musculaire déjà reconnu à l'extérieur. Ce parenchyme était sans contredit plus fortement mamelloné qu'en dehors ; toutefois il faut qu'on attribue le plus grand nombre de ces inégalités au chiffonnement des parois écartées.

Une seconde incision mit à découvert une cavité moins vaste et plus épaisse : son parenchyme était plus distinctement fibrineux, et l'espace qu'il circonscrivait était embarrassé de faisceaux charnus, irréguliers, de forme et de longueur diverses.

La cloison intermédiaire à ces deux cavités était percée d'un trou arrondi, largement ouvert.

Le col étroit, prolongé vers la chalaze, était composé de longs faisceaux musculaires roulés en spirale. Il formait la continuation des poches fibrineuses, dont la première était close supérieurement, et dont l'autre s'étendait jusque dans son intérieur évidé.

Ainsi j'avais trouvé deux poches musculeuses conjointes, séparées l'une de l'autre par une cloison intermédiaire perforée, ayant une épaisseur et une structure différentes; j'avais observé que la plus charnue de ces poches, je veux dire celle dont la surface interne était la plus irrégulière, se prolongeait dans un canal également charnu; enfin, il m'était prouvé par un examen sérieux que j'avais rencontré un cœur frappé d'anomalie.

Toutefois, je devais poursuivre encore mes études. En effet, quelques analogies superficielles peuvent contenter une imagination prévenue, et ne pas satisfaire à l'exigence scientifique; je cherchai donc à confirmer par de nouvelles observations le fait devenu à mes yeux irréfragable.

Pour atteindre ce but, j'étudiai le corps monstrueux sous le rapport multiple de sa texture, de sa forme, de son volume, de sa position envisagés dans l'ensemble et dans les parties.

La membrane fibreuse tégumentaire correspond au péricarde : sa minceur, sa position, sa texture, son adhérence, établissent la justesse de cette détermination. Et d'ailleurs les expériences physiologiques de Haller viennent encore à l'appui de cette analogie : « Le cœur, dit ce grand homme, n'est jamais à découvert, quoiqu'il paraisse être nu les premiers jours[1]. » Observation de laquelle il est aisé de conclure :

1°. La coexistence du péricarde et du cœur.

2°. L'application originelle, immédiate, de cette membrane sur les centres vasculaires.

Je passai à l'examen du cœur lui-même.

La texture fibrineuse, et conséquemment la musculosité de cette production organique, était manifeste ; la vue suffisait pour la constater. A la vérité son parenchyme était granuleux dans quelques parties ; mais cette texture qui semble infirmer la thèse que je soutiens, n'est pas réellement en opposition avec elle ; car, suivant les observations de Rolando, et, je crois, les expériences de M. Dutrochet, le tissu musculeux est primitivement formé de granules, qui plus tard se disposent en séries linéaires, s'agglutinent et constituent des fibres prononcées. Partout distincte, la structure musculaire était plus évidente encore dans la moitié de cette production, que je montrerai correspondre au ventricule gauche ; or, elle avait une importance physiologique d'autant plus considérable, que la répartition de la substance musculaire était plus inégale.

Je n'ai pas essayé d'analyser profondément cette texture ; je n'ai pas tenté de suivre la direc-

[1] *Sur la formation du cœur dans le poulet*, etc., par de Haller, tom. II. pag. 66. Lausanne, 1758.

tion particulière des fibres constituantes, qui d'ailleurs obéissent toujours complaisamment aux moyens physiques ou chimiques divers employés à les faire saillir, j'allais presque dire à les créer. J'ai voulu conserver intact le sujet de l'observation.

L'étude de cette anomalie, considérée dans sa forme générale et partielle, conduit au même résultat. En effet, la configuration générale qu'elle a subie, peut être facilement ramenée à celle d'un cône double formé par deux cônes élémentaires symétriquement adaptés.

Quant à la circonférence anguleuse de ce cône double, quant au prolongement rétréci qui le termine, j'y reviendrai bientôt.

Vers le milieu de la face convexe, on distingue un léger sillon correspondant à la cloison intermédiaire qui sépare les deux ventricules. C'est la rainure dans laquelle plus tard eussent été logées l'artère et la veine coronaires antérieures. Au reste, comme on l'observe dans le cœur adulte, les deux portions de cette face séparées par la rainure ne sont pas égales.

La face concave ne présente de remarquable que son exacte correspondance avec le sphéroide vitellin.

J'ai dit précédemment la forme particulière du prolongement terminal.

Alors je mis le cœur monstureux dans la même position qu'il occupait sur le vitellus, et les deux bords de la première incision furent écartés. Je vis que la cavité supérieure était non seulement large, mais qu'elle ne présentait aucun trousseau charnu distinct et saillant. La valvule musculaire, qui plus tard se prononce avec tant de force chez le poulet bien conformé, n'avait pas d'analogue ; elle n'était pas même rudimentaire ; mais on sait que les valvules sont des parties accessoires qui se développent secondairement aux époques nécessitées par le jeu harmonique des organes. La surface interne de cette poche eût donc été presque entièrement lisse, si le tiraillement de ses bords n'avait pas déterminé l'apparition factice de quelques bosselures inégales. La face de la cloison intermédiaire, correspondante à cette poche, était lisse et granuleuse comme le reste du ventricule. J'écartai les bords de la seconde incision, et je vis une poche moins étendue ; mais les parois de cette poche étaient plus charnues, et sa surface plus irrégulière. Un grand nombre de trousseaux fibrineux la traversaient dans tous les sens, et formaient un entrecroisement inextricable, que je ne voulus pas étudier complétement dans la crainte de les rompre. Parmi ces trousseaux fibrineux, les uns quittaient les parois ventriculaires proprement dites, pour se rendre à la cloison commune ; les autres adhéraient aux parois cardiaques dans toute leur étendue ou partiellement.

La cloison interventriculaire était percée d'un trou assez régulièrement arrondi. Cette perforation est signalée par Meckel sous deux rapports, comme une anomalie essentielle[1], et comme un arrêt de développement[2], car elle ne constitue pas le trou de Botal, puisque la membrane qui circonscrit le trou de Botal est mince, peu charnue, et que d'ailleurs les oreillettes n'existent pas encore.

Le ventricule supérieur est fermé vers le haut ; mais le ventricule inférieur se continue dans le col rétréci qui le surmonte. La cavité de ce prolongement est assez étroite ; une soie moyenne peut seule y trouver accès. Elle s'agrandit toutefois quand on redresse l'enroulement spiral de ses fibres constituantes ; elle se termine d'une manière brusque au renflement noduleux dont j'ai parlé.

Si l'examen de la structure et de la forme générales démontre que cette production est un

[1] *Manuel d'Anatomie générale, descriptive et pathologique*, par Meckel, traduit de l'allemand, et augmenté, par A. J. L. Jourdan et G. Breschet, tom. II, pag. 365.

[2] Mémoire sur l'histoire du développement du cœur et des poumons dans les mammifères, par Meckel. *Journ. complément. du Dictionn. des Sc. médic.*, tom. I. pag. 279. § 6.

cœur, l'étude détaillée des parties qui le composent ajoute encore de nouvelles certitudes à ce fait précédemment établi.

Il est aisé de reconnaître en effet quelle sera la poche correspondante au ventricule droit, au ventricule gauche. La cavité supérieure a des parois plus minces ; sa surface interne est dépourvue de colonnes fibrineuses saillantes : c'est le ventricule droit. La poche inférieure est au contraire rendue inégale par un grand nombre de trousseaux charnus : c'est le ventricule gauche.

Quant à la cloison intermédiaire, sa texture redit celle des deux cavités qu'elle sépare.

Mais, s'il a été facile, malgré l'absence des troncs vasculaires, absence très-remarquable, puisque en même temps le cœur a dépassé le volume spécial de son âge, s'il a été facile de préciser la correspondance anatomique de ces deux poches, il n'est pas aussi facile de dire à quelle partie du système vasculaire normal correspond le prolongement qui adhère à la chalaze : ce prolongement devait-il plus tard constituer la base originelle de l'aorte ? Devait-il, en se développant, former les oreillettes primitivement réunies ? Je crois cette dernière opinion plus fondée, parce que le cœur ne renfermait pas de sang.

Il est aisé de voir par ce récit combien est véridique, touchant l'évolution du cœur, le système exposé par M. Serres dans la préface de son grand ouvrage sur l'anatomie comparée du cerveau[1].

J'arrive maintenant à l'examen du volume, et par suite à l'étude de la capacité du cœur monstrueux. Il avait environ trois centimètres dans sa plus grande longueur, deux centimètres dans sa plus grande largeur, et seulement un centimètre dans sa plus grande épaisseur. La considération approximative de sa forme générale mène assez directement à l'appréciation de son volume total.

La capacité proportionnelle des ventricules, je dois l'avouer, est en apparence contradictoire avec l'opinion qui m'a rallié ; car les ventricules sont entre eux dans un rapport diamétralement opposé à celui qui existe dans le cœur de la poule adulte et normale, puisque le ventricule artériel a moins de capacité que le ventricule veineux. Mais il ne faut pas oublier que le cœur est monstrueux ; il ne faut pas oublier que la cause perturbatrice qui a réduit tout l'organisme à cette extrême contraction, a bien pu intervertir la capacité réciproque des ventricules ; et d'ailleurs cette monstruosité résulte, comme le plus grand nombre des monstruosités, d'un arrêt de développement ; la formation était donc peu avancée.

[1] *Anatomie comparée du cerveau dans les quatre classes des animaux vertébrés,* tom. I. Disc. prélimin., pag. xxxiv.

et l'embryon presque naissant, lorsque l'action perturbatrice s'est manifestée. Or, Gordon, cité par Meckel[1], admet l'égalité des deux moitiés du cœur dans le fœtus; et Senac[2], Meckel[3] et Wrisberg[4] pensent que le ventricule droit, primitivement égal au ventricule gauche, devient ensuite plus large et plus long. Ce serait donc vers une époque assez éloignée de l'origine embryonnaire que le rapport de capacité changerait dans les deux moitiés du cœur. Ainsi, l'anomalie même qui m'avait d'abord embarrassé, a confirmé l'opinion que je m'étais faite sur la détermination des parties constituantes du cœur monstrueux.

Il me reste à demander les mêmes résultats à la position que le cœur occupait dans l'œuf.

Il est démontré par les expériences de Haller que le ventricule droit est placé d'abord au-dessus du ventricule gauche, et que cette position demeure la même plus long-temps chez les embryons monstrueux que chez les embryons normaux. Ainsi dans un embryon normal après la

[1] Mémoire sur l'histoire du développement du cœur et des poumons dans les mammifères, par J. F. Meckel. *Journ. complément. du Dictionn. des Sc. médic.*, tom. I, pag. 277, § B.

[2] Cité par Meckel, *ibid.*

[3] *Ibid.*

[4] *Remarques sur l'anatomie du fœtus*, pag. 24. fig. III: pag. 4. fig. IV.

131me heure d'incubation[1], et dans un fœtus difforme, suivant l'expression un peu vague de Haller, après la 192me heure d'incubation[2], le ventricule droit était superposé au ventricule gauche. Ce n'est qu'après la 170me heure que, dans le fœtus normal, le cœur devient perpendiculaire[3].

Cette observation emprunte une nouvelle force de la solitude du cœur elle-même ; car l'embryon reste long-temps couché sur le vitellus dans la position qu'il a choisie, après quelques oscillations ; et si par hasard il vient à s'agiter, il retombe bientôt dans son inertie apparente. Or, lorsqu'il est réduit à demeurer cœur, il doit plus long-temps garder la position qu'il occupe, n'ayant pas de système nerveux pour l'exciter.

J'ai fait voir par diverses citations de Haller qu'on pouvait soupçonner l'âge du cœur envisagé solitairement; mais, dans le cas présent, cette appréciation difficile exigerait un autre Haller, et surtout des renseignements plus exacts.

Tel est, Messieurs, l'exposé sommaire de mes observations ; l'Académie pourra vérifier leur exactitude sur la pièce même qui en a été l'objet.

Je devrais fermer ici la discussion essayée ; je

[1] *Sur la formation du cœur dans le poulet*, etc., par de Haller, tom. I, pag. 203. Observ. CXXXI. Lausanne. 1758.

[2] *Ibid*, pag. 248. Observ. CLXX.

[3] *Ibid.*, pag. 240. Observ. CLX.

devrais attendre avec confiance le jugement définitif que l'Académie portera; mais dans une question aussi ardue, aussi importante, j'éprouve le besoin de justifier par tous les moyens que je possède la hardiesse du parti que j'embrasse, et conséquemment je m'efforce d'emprunter à toutes les sources toutes les lumières que peut leur surprendre ma faiblesse.

Deux objections peuvent m'être adressées.

1°. Le corps problématique est une môle.

2°. Le corps problématique est un caillot de sang organisé.

L'histoire des môles est embarrassée d'erreurs nombreuses. Long temps on a désigné par ce nom générique tous les corps hétérogènes extraordinairement rejetés par les voies génératrices femelles : on s'inquiétait peu de leur origine et de leur composition. L'anatomie pathologique contemporaine, elle-même, paraît avoir négligé ce beau champ d'études, et n'a pas encore débrouillé tout le chaos, toute l'obscurité superstitieuse des Anciens : cependant, on est d'accord pour réserver l'expression commune de môle aux enveloppes fœtales, au corps placentaire, développés irrégulièrement, et privés d'embryon ou de fœtus. Or, une môle peut être ou seulement placentaire, ou composée des membranes fœtales et du placenta confusément rassemblés, ou formée par ces deux éléments réunis en kyste, le placenta, c'est-à-dire la partie charnue de la môle restant extérieure, et les membranes fœtales étant recouvertes par le développement excessif du gâteau vasculaire. Mais quelle que soit la forme, quels que soient le rapport et la constitution élémentaires des môles, elles existent toujours aux dépens des membranes fœtales et du placenta ; et leur partie charnue, constamment placée en dehors, n'est jamais comprise dans la cavité des membranes.

La môle, que nous présumons être un cœur, non seulement n'est pas constituée d'éléments analogues aux éléments ordinaires de ces productions, mais encore elle est saisie par les membranes fœtales elles-mêmes, et par les téguments adventifs qui les protégent. L'analogie décisive en pareille matière, lorsque l'observation directe manque, l'analogie éclairée par l'histoire comparative de l'œuf chez les mammifères et chez les oiseaux, se refuse donc à soutenir que cette production soit une môle.

D'ailleurs la science n'a pas recueilli de faits positifs sur les môles dans les oiseaux. Buffon est, je crois même, le seul auteur qui en ait parlé ; encore le fait qu'il signale n'a-t-il aucune valeur réelle, par l'absence de tout détail, de toute discussion. « Pourquoi, dit-il, (il voulait faire ad-
» mettre comme possible la formation des môles

» sans fécondation) pourquoi cela serait-il im-» possible, puisque les poules font des œufs sans » communication avec le coq, et que dans la ci-» catricule de ces œufs on voit, au lieu d'un pou-» let, une môle avec ses appendices[1]? »

La texture du corps problématique justifierait-elle cette opinion? Je ne crois pas. En effet, le tissu des môles est celluleux, vasculaire; le corps problématique est fibrineux, il ne renferme pas un seul vaisseau.

L'hypothèse qui le désignerait comme résultant d'un caillot sanguin organisé, n'a pas de base plus solidement établie.

Car le sang pourrait avoir été fourni par deux sources distinctes, ou par les vaisseaux du fœtus, ou par les vaisseaux de la mère.

Mais faut-il admettre qu'une hémorragie primitive de la figure veineuse a doté cette formation de tout le sang nécessaire pour la constituer? Et quand bien même on jugerait suffisante la quantité de sang fournie, le sang de cette époque embryonnaire eût-il été assez riche en fibrine, pour s'organiser en l'absence du consensus organique, dans lequel réside la cause des évolutions fœtales?

[1] Buffon, *Histoire naturelle générale et particulière des animaux*, tom. XVIII, pag. 134, édition de Sonnini.

Faut-il admettre que le hasard, d'ailleurs si facile à invoquer, a mis dans l'oviducte, précisément sur la route du jaune, le résultat d'une hémorragie? Faut-il admettre que cette hémorragie s'est ramassée en un caillot exactement limité ; que ce caillot a choisi pour se fixer le lieu même de la cicatricule, et que les membranes adventives, régulièrement superposées, ont enveloppé sans déformation ce produit extraordinaire du hasard.

Cependant je suppose que le corps problématique doive reconnaître pour élément une hémorragie fœtale ou maternelle, le caillot sanguin qui en résulterait, aurait-il, dans toute son étendue, pris une organisation fibrineuse, et même plus, une organisation musculaire? Les couches formatrices de cette production auraient-elles partout la même densité? L'espace vide qu'elles circonscrivent ne renfermerait-il plus aucun reste de sang, aucun vestige de sérosité? L'évaporation de la sérosité se serait-elle effectuée à travers les obstacles nombreux qui l'environnent? L'endosmose séreuse aurait-elle été si complète, qu'il ne fût pas demeuré une seule indication de l'analyse sanguine?

Je dirai enfin que dans la supposition gratuite où le corps paradoxal serait une môle ou bien un caillot de sang organisé, la position, la texture, la forme, le volume, les connexions générales et les rapports élémentaires des parties envisagées dans la môle ou dans le caillot auraient le remarquable privilége, le privilége inoui dans la science, de représenter à la fois les données anatomiques et physiologiques les plus solidement établies.

Le fait que j'abandonne à votre examen peut donc se réduire aux chefs suivants.

1°. La production organique, contenue au lieu du germe normal dans l'œuf observé, est un cœur monstrueux.

2°. Le développement du système vasculaire a précédé le développement des autres systèmes organiques, ou du moins, si tous les systèmes organiques ont existé rudimentaires dans le germe, la puissance formatrice du système vasculaire a surmonté la puissance formatrice des autres systèmes.

3°. Le développement du cœur et le développement des ramifications vasculaires sont isolés.

4°. Le cœur monstrueux, malgré l'absence des connexions organiques supposées indispensables à son entier développement, a presque atteint le volume et la capacité qui distinguent l'état normal dans le fœtus à terme.

5°. L'accroissement du cœur a tellement dépassé la mesure correspondante de l'état normal, que les circonstances de sa formation prolongées ou rétablies, auraient pu seulement complémenter son évolution isolée, ou peut-être encore celle des principales ramifications vasculaires, mais n'auraient pu rien faire au-delà.

6°. Le cœur monstrueux ne renferme pas de sang.

7°. Le cœur monstrueux est réuni par une adhérence intime à l'une des chalazes.

8°. Les expériences des physiologistes anciens et modernes, sur le développement normal et monstrueux du poulet, n'ont pas assez de valeur pour enseigner l'âge précis de cette ébauche organique.

Je suis arrivé maintenant au dernier terme que la simple observation, l'observation matérielle découvre; mais il était possible d'aller plus loin: j'ai donc cherché à surprendre les corollaires d'anatomie et de physiologie générales qui découlaient secondairement du fait observé.

Je devrais peut-être exposer les considérations que ce fait inspire, avec tous les détails que leur importance comporte; mais craignant, Messieurs, de fatiguer votre bienveillance, je préfère les résumer sous forme de corollaires, pour vous épargner une trop longue lecture. J'espère, qu'en faveur de cette intention, l'indulgence de l'Academie me pardonnera ce que les formules aphoristiques ont de prétentieux.

Sans doute les principes généraux que j'établirai semblent venir à la remorque d'un fait solitaire : on me reprochera leur trop grande portée; mais, j'en dois prévenir l'Académie, ils n'ont pas seulement pour base un fait unique : quelques études particulières m'autorisent à donner à ce fait, d'ailleurs si grave, une valeur que son isolement paraît d'abord lui refuser.

Les corollaires suivants me semblent donc sortir des résultats précédemment signalés. Je les consignerai toutefois avec un doute interrogateur.

1°. Le développement du système vasculaire précède le développement du système nerveux tangible ?

2°. L'existence primitive et matérielle du système nerveux n'est pas indispensablement nécessaire à la formation des autres systèmes organiques?

3°. Ainsi que MM. Prévost et Dumas l'ont déjà fait remarquer, la formation du sang et la formation du cœur sont indépendantes [1] ?

4°. Le cœur se forme à part des ramifications vasculaires ?

5°. Les ramifications vasculaires sont tracées par les courants qui emportent les fluides?

[1] *Annales des Sc. natur.*, tom. III, pag. 96, année 1834.

6°. Les parties dont le cœur adulte est formé, se dessinent et se constituent chez l'embryon, dans l'ordre établi par M. Serres[1]?

7°. Le parenchyme inégal du cœur résulte de couches fibrineuses, successivement déposées, qui s'emboîtent les unes les autres, suivant le mécanisme indiqué par Rolando[2]?

8°. Le volume extraordinaire du cœur et l'atrophie simultanée des ramifications vasculaires, confirment la vérité du principe que M. Geoffroy Saint-Hilaire a nommé balancement des organes[3]?

9°. L'existence d'un cœur solitairement développé est un fait nouveau dans les archives tératologiques?

10°. Bien que tous les systèmes organiques s'enchaînent et s'influencent réciproquement, chacun d'eux néanmoins est renfermé dans un rayon spécial d'existence, et subit ou repousse l'envahissement des autres systèmes, proportionnellement à sa force d'attraction vitale.

[1] *Anatomie comparée du cerveau dans les quatre classes des Animaux vertébrés*, tom. I. Disc. prélimin., pag. xxxiv.

[2] Sur la formation du cœur et des vaisseaux artériels, veineux et capillaires; par Rolando. *Journ. compl. du Dict. des Sc. médic.*, tom. XVI, pag. 39.

[3] Geoffroy Saint-Hilaire, *Philosoph. anatomiq.*, tom. II; monstruosités humaines. Disc. prélimin., pag. xxxiij. Paris, 1822.

L'embryologie peut donc avec utilité reconnaître l'existence de *circonscriptions formatrices*, particulières à chaque système organique?

11°. Le principe que je nommerai *loi de circonscriptions formatrices*, existe pour les individus comme pour les organes?

12°. La cause productrice des monstres simples est un trouble introduit dans les circonscriptions formatrices d'organes. La cause productrice des monstres complexes est un trouble introduit dans les circonscriptions formatrices d'individus?

13°. La cause productrice des monstruosités n'est pas toujours une adhérence inflammatoire contractée par l'embryon avec les membranes de l'œuf?

14°. L'ombilic n'est pas toujours le dernier terme auquel se réduise la monstruosité ; l'ombilic n'est donc pas le seul point où la monstruosité se concentre ; l'ombilic n'est donc pas toujours la base nécessaire de l'organisme?

15°. Aucun système de nomenclature ne donne les formules concordantes et rationnelles de tous les monstres connus. Aucun système de nomenclature ne repose sur des principes assez généraux pour s'étendre, suivant les besoins futurs de la tératologie, à tous les monstres possibles que l'observation découvrira?

16°. Je propose de nommer la monstruosité décrite :

Angiotérie monocardiaque[1].

[1] Ἀγγεῖον, *vaisseau* ; τέρας, *monstruosité*; μονὸς, *solitaire* ; καρδία, *cœur*.

EXPLICATION

DE LA PLANCHE.

Fig. I. *a.* Cœur pris entre l'albumen et le vitellus, et vu par sa face convexe.

b. Adhérence du cœur à l'une des chalazes.

c. Chalaze libre.

Fig. II. *d.* Face concave du cœur.

e. Débris de la chalaze adhérente.

Fig. III. *f.* Cavité du cœur monstrueux correspondant au ventricule droit du cœur adulte et normal.

g. Cloison intermédiaire aux deux poches cardiaques.

h. Perforation de la cloison interventriculaire.

i. Membrane fibrineuse correspondant au péricarde du cœur adulte et normal.

Fig. IV. *k.* Cavité du cœur monstrueux correspondant au ventricule gauche du cœur adulte et normal.

l. Trousseaux fibrineux analogues des colonnes charnues ventriculaires gauches.

m. Perforation de la cloison interventriculaire, indiquée Fig. III, *h.*

n. Communication du ventricule gauche avec la cavité du prolongement charnu à fibres roulées en spirale.

o. Péricarde indiqué Fig. III, *i.*

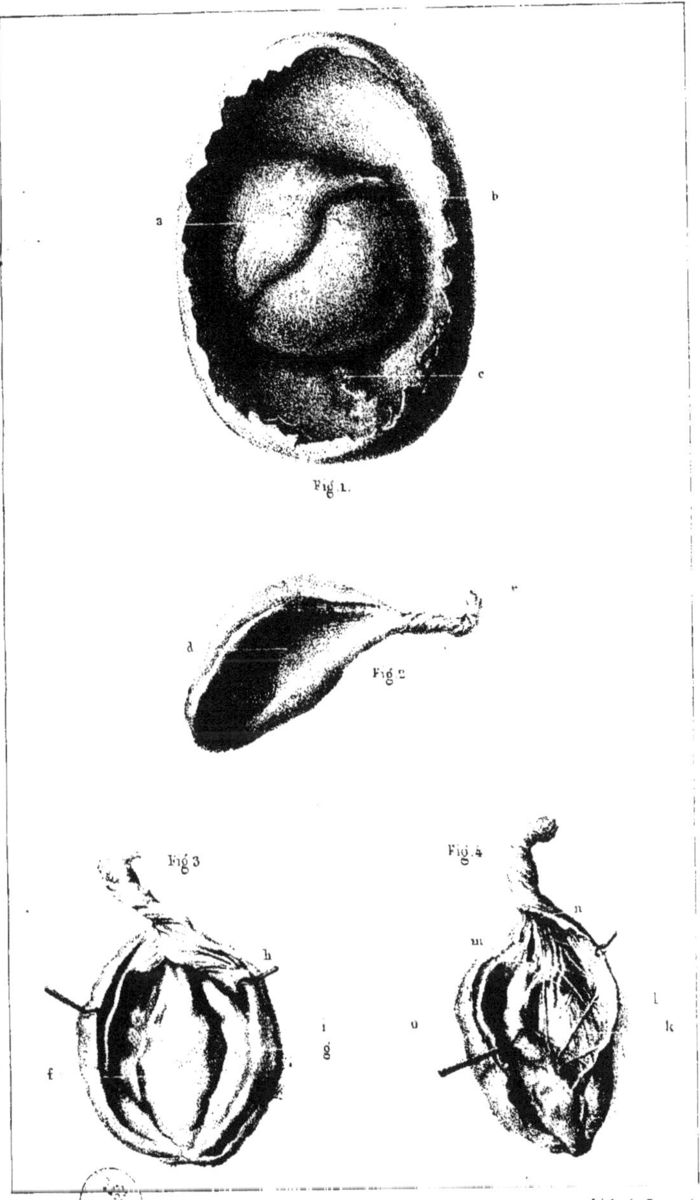

Fig. 1.

Fig. 2

Fig. 3

Fig. 4

N. H. Jacob. Lith. de Benard

www.ingramcontent.com/pod-product-compliance
Ingram Content Group UK Ltd.
Pitfield, Milton Keynes, MK11 3LW, UK
UKHW020508180726
13839UKWH00004B/1978